BEI GRIN MACHT SICH IHR WISSEN BEZAHLT

- Wir veröffentlichen Ihre Hausarbeit,
  Bachelor- und Masterarbeit

- Ihr eigenes eBook und Buch -
  weltweit in allen wichtigen Shops

- Verdienen Sie an jedem Verkauf

Jetzt bei www.GRIN.com hochladen
und kostenlos publizieren

Martin Kirchmayr

Netzlastproblematiken im europäischen ENTSO-E Netz in Hinblick auf den bestehenden „regenerative-Energien"-Kraftwerkspark

GRIN Verlag

Impressum:

Copyright © 2013 GRIN Verlag GmbH
Druck und Bindung: Books on Demand GmbH, Norderstedt Germany
ISBN: 978-3-656-51308-7

Dieses Buch bei GRIN:

http://www.grin.com/de/e-book/262692/netzlastproblematiken-im-europaeischen-
entso-e-netz-in-hinblick-auf-den

Netzlastproblematiken im europäischen ENTSO-E Netz in Hinblick auf den bestehenden „regenerative-Energien"-Kraftwerkspark

Martin Kirchmayr
Fachhochschulstudiengänge Burgenland Ges.m.b.H., Pinkafeld, Österreich

KURZFASSUNG: Im Zuge der sogenannten Energiewende wird mit erheblichem finanziellem Aufwand der europäische Kraftwerkspark in Richtung Erneuerbarer Energien ergänzt. Den überwiegenden Anteil daran haben Wind- und Photovoltaikanlagen, welche eine ausgeprägte volatile Lastkurve aufweisen und daher in ihrer Dauerlastfähigkeit nur beschränkt einsetzbar sind. Mit diesen steigenden Kapazitäten sehen sich die Netzbetreiber mit neuen Problemen konfrontiert. Einerseits müssen die hohen Kraftwerkskapazitäten bedarfsgerecht ausgeglichen werden und andererseits kommt es bei deren unregelmäßigem Aufkommen zu Netzbelastungen, welche zuvor nicht zu bewältigen waren. Um der neuen Situation gerecht zu werden, sind zukünftig verhältnismäßig bedeutend größere Investitionen in die Netze erforderlich. Ebenso gibt es Anstrengungen auf rechtlicher Ebene. Diese werden unter Aufsicht der Europäischen Kommission und vom Netzverbund ENTSO-E und der Agentur ACER ausgearbeitet und sollen einen gemeinsamen Rahmen und eine Grundlage für die Energiewende schaffen.

1 EINLEITUNG

In der EU-27 werden 2020 rund 500 GW an erneuerbarer Kraftwerkskapazitäten installiert sein, welche 1.200 TWh an teils stark volatilem Strom bereitstellen. Das bedeutet, dass die Netzbetreiber in Summe Netzkapazitäten für 4.400 TWh/a an erneuerbarem Strom bereitstellen müssen, diese jedoch nur zu 27 % tatsächlich produziert werden. Dies zudem zu Zeiten, welche von Witterungseinflüssen abhängig sind. Im Umkehrschluss könnte diese Energielieferung von nur 137 GW an konventionellen Base-Load Kraftwerken bereitgestellt werden. 2020 wird in der EU-27 die Spitzenlast der Verbraucher bereits zu 110 % von Erneuerbaren Kraftwerken gedeckt werden können (Brauner 2012).

Das erwähnte Missverhältnis zwischen installierten Leistungskapazitäten und tatsächlich gelieferter Energie muss zukünftig durch erhöhte Anstrengungen ausgeglichen werden. Dazu wird die Errichtung neuer Back-up Kraftwerke ebenso erforderlich sein wie umfangreiche Investitionen in die Netze.

2 KRAFTWERKSPARK ERNEUERBARE

In diesem Kapitel werden insbesondere die Erneuerbaren Energien Photovoltaik sowie Windenergie in Europa betrachtet. Auf Österreich und Deutschland wird besonders eingegangen. Im Gegensatz zu Biogas-, Deponie/Klärgas-, Biomasse- oder Geothermie-Kraftwerke, welche in aller Regel planbare Baseload bereitstellen können, unterliegt die Angebotskurve von Photovoltaik und Windenergie ständigen Schwankungen. Aus diesem Grund stellen sich hier aus Sicht der Integration in das bestehende Stromnetz besondere Anforderungen. Die Entwicklung des Kraftwerksparks ist in der derzeitigen Phase vor der Netzparität der Erneuerbaren stark von äußeren vor allem politischen Begebenheiten getrieben. Dies spiegelt sich in der Entwicklung der Einspeisetarife und den zur Einspeisung bewilligten Anlagenzahlen wider.

2.1 Europa

Das ENTSO-E (European Network of Transmission System Operators for Electricity) Verbundnetz (vormals UCTE) ist das Europäische Strom-Verbundnetz, als Zusammenschluss der nationalen Übertragungsnetzbetreiber aus 35 europäischen Ländern. Es bildet in seinem Verbund einen gemeinsamen ausgeglichenen Regelzonenzusammenschluss für die Übertragung elektrischer Energie. In seiner Gesamtheit wurden im Netzverbund 2011 3.347 TWh Strom produziert. Der Anteil aller Erneuerbarer Energien (außer Wasserkraft) betrug dabei jedoch mit 314 TWh nur 9,4 %. Betrachtet man die Netto Erzeugungskapazitäten, haben diese einen Anteil von 16,4 % am gesamten Kraftwerkspark (ENTSO-E 2012a).

2.2 Deutschland

Im Gegensatz zum gesamten Netzverbund beträgt der Erneuerbare Energien Anteil in Deutschland 15,4 % (Produktion) und 37 % (Kapazität). Die Problematik der Netzbelastung durch die volatilen Erneuerbaren kann somit nicht als einheitliches europäisches Problem gesehen werden, sondern hat eine tendenziell sehr starke lokale Ausprägung, vor allem in Deutschland. In Deutschland gibt es in Summe 145 GW an installierter Kraftwerksleistung. Diese produzieren jährlich 558 TWh, was einer theoretischen Dauerleistung von 63 GW entspricht. Die tägliche Verbrauchsspitzenlast von rund 70 MW ist somit mit dem deutschen Kraftwerkspark mit über 200 % gedeckt. An wind- und sonnenstarken Tagen kann jedoch eine Windlast von rund 20 GW und eine PV-Last von über 15 GW das Netz belasten, welches dieses ausregeln muss (Synwoldt 2012).

2.3 Österreich

Im österreichischen Kraftwerkspark spielen die eingangs angesprochenen volatilen erneuerbaren Energieerzeugungseinheiten Wind und Photovoltaik eine eher untergeordnete Rolle. In Tabelle 1 sind dazu die Anteile der Erzeugungseinheiten in Megawatt (MW) Kraftwerksleistung ersichtlich. Photovoltaik hat mit 187 MW installierter Leistung einen Anteil von 0,78 % an der gesamten Kraftwerkskapazität. Sie trägt jedoch mit nur 0,07 % zu der Energieerzeugung bei (Energiebeitrag bezogen auf ÖMAG-Anlagen. Inklusive „KLIEN-Anlagen" geschätzter verhältnismäßiger Anteil von rund 0,28 %) (Energie-Control Austria 2012a). Die Windkraftanlagen haben einen Anteil von 4,67 % an der Kraftwerkskapazität und liefern damit 2,94 % der Energieproduktion.

Aus der Gegenüberstellung der Kraftwerksleistungen und der erzeugten Energiemengen durch das Verhältnis der installierten Leistung und der im Jahresmittelwert dem Netz zugeführten Leistung (und deren Kehrwerte) können Rückschlüsse auf die Netzbelastung im Hinblick auf die Kapazitätsausnutzung gezogen werden. Aus diesem Gesichtspunkt können die Laufwasserkraftwerke die Engleistung am besten ausnutzen und liefern 53 % dieser als Jahresmittelleistung an das Netz (Siehe Tabelle 1). Die Windkraftanlagen können 21 % der Engpassleistung liefern und Photovoltaik-Anlagen lediglich 10 %. Dies verdeutlicht das Verhältnis der nötigen Anschlusskapazität an das Netz und der zugleich nur geringen Energielieferung von Wind und Photovoltaik. Weiters ist diese Charakteristik sehr gut in den Dauerlinien in Abbildung 5 ersichtlich.

Für die kommenden Jahre kann mit einem weiteren Ausbau der Windkraft gerechnet werden. Ursache dafür war einerseits die Novellierung der Ökostromverordnung 2010, mit der die Vergütung der Windenergie von 7,53 auf 9,7 €-Cent/kWh erhöht wurde (ÖSV 2010). Zusätzlich wurde mit der Neugestaltung des Ökostromgesetzes 2012 das Förderkontingent von 21 auf 50 Mio. € angehoben. Ebenso wurde damit der sofortige Abbau der Wartelisten der Antragsteller begonnen (ÖSG 2012). Aus diesen Gründen wird von einem Zuwachs von rund 700 MW Windkraft bis 2015 ausgegangen (Wolter M. & Rendel T. 2011).

Der Kraftwerkspark Österreichs ist mit einer gesamten installierten Leistung von 23 GW theoretisch im Stande die täglichen Lastspitzen von rund 8 GW mit knapp 300 % zu decken. Im Vergleich zu Deutschland sind dies 100 %-Pkt. mehr installierte Leistung bezogen auf die Tageslastspitzen um 08:00, 12:00 beziehungsweise 19:00 Uhr. Dies liegt unter anderem am hohen Anteil an Regelkraftwerken und ermöglicht es Österreich regelmäßig als Exporteur zur Netzstützung der umgebenden Länder zu agieren (ENTSO-E 2012a, APG 2013a).

Tabelle 1: Österreichischer Kraftwerkspark und deren Jahresenergieerzeugung ([1] Energie-Control Austria 2012a, [3] 2012b, [2] 2012c und [4] BMVIT 2012)

| Brutto-Engpassleistung Kraftwerke Österreich [MW] | | | | | | | |
Jahr	Lauf-kraftw. [2]	Spei-cher-kraftw. [2]	Erneuer-bare[2]	davon Wind [1]	davon PV [4]	Wärme-kraftw. [2]	Summe [2]
2000	5.256	6.407	49		5	6.315	18.028
2001	5.272	6.396	69		6	6.422	18.158
2002	5.197	6.484	142		10	6.254	18.078
2003	5.237	6.489	355	396	17	6.310	18.390
2004	5.254	6.515	627	595	21	6.581	18.977
2005	5.318	6.519	849	817	24	6.527	19.213
2006	5.350	6.517	985	954	26	6.592	19.444
2007	5.395	6.627	1.011	972	28	6.374	19.406
2008	5.393	7.077	1.014	961	32	7.246	20.730
2009	5.373	7.276	1.031	984	53	7.358	21.038
2010	5.396	7.524	1.054	988	95	7.431	21.404
2011	5.436	7.765	1.179	1.056	187	8.249	22.628
Anteil [%]	22,77	32,53	4,94	4,42	0,78	34,56	100
Erzeugung [GWh] [3]	25.276	12.425	1.985	1.934	49	25.832	65.688
Anteil [%]	38,48	18,92	3,02	2,94	0,07	39,33	100
Ratio I MW/MW(Jahresmittel)[5]	1,88	5,47	5,2	4,78	9,78	2,8	3,02
Ratio II MW(Jahresmittel)/MW[6]	0,53	0,18	0,19	0,21	0,1	0,36	0,33

[5,6] Die Verhältnisse stützen sich bezüglich Photovoltaik auf die Daten der Energie-Control. Hier werden jedoch nicht die Klien-Anlagen berücksichtigt.

3 VOLATILITÄT DER REGENERATIVEN KRAFTWERKE

3.1 *Windkraft*

Das mitteleuropäische Windaufkommen in Windfronten kann jeweils mehrere Tage dauern. Diese sind bereits relativ gut vorhersehbar und bereiten den Netzbetreibern nur in geringem Maße unvorhergesehene Laständerungen. Die Prognoseabweichungen treten in Deutschland überwiegend in positiver Überlast auf. Im Mittel betragen die Prognoseabweichungen unter 10 % der maximalen tatsächlichen Einspeiseleistung im Netzgebiet der vier deutschen Netzbetreiber (EEG/KWK 2013c). Das virtuelle Windkraftwerk Deutschland in Form der vier Netzbetreiber charakterisiert sich aufgrund der Größe in sehr homogenem Verhalten. In seltenen Fällen kommt es jedoch zu gröberen Abweichungen der Prognose. In KW 1 und KW 2/2012 kam es im deutschen Netzgebiet durch drastische Unternominierung des Netzbetreibers Amprion zu einer Übereinspeisung von 18 % (EEG/KWK 2013a).

Das Aufkommen einer Windfront und der einhergehenden Windkraft-Erzeugung kann anhand der Abbildung 1 am Beispiel Deutschlands abgelesen werden. Dabei kann sich der Wind von einer Flaute in gemäßigtem Anstieg recht kontinuierlich aufbauen (22.-26.22.2011). Es kam aber im weiteren Verlauf zu einer abrupten Verdoppelung der Windlast innerhalb von eineinhalb Tagen (26.-27.11.2011). Der Abzug der Front verlief recht rasch etwa in der Dauer eines Tages.

Bei der Analyse der Änderungsszenarien des angesprochenen Zeitraums in Tabelle 2 kann die durchschnittliche Laständerung mit + 380 MW/Std. und – 440 MW/Std. ausgemacht werden. Im Fall des Abklingens der Windfront als stärkste Windlaständerung im Betrachtungszeitraum (Szenario F) kommt es zu einer Laständerung von -16.500 MW mit einer Änderungsgeschwindigkeit von -633 MW/Std. Diese Änderungscharakteristik stellt aus nationaler Sicht keine erhebliche Belastung dar. Im deutschen Netzregelverbund werden rund 500 MW Primärregelleistung, 3.000 MW Sekundärregelleistung und weiter 3.000 MW Minutenreserve vorgehalten (ENTSO-E 2009 und Roon 2007). Am Beispiel in Abbildung 1 wird mit rund 20 GW Windlast etwa 2/3 des gesamten Strombedarfs Deutschlands einer Sommernacht durch Wind geliefert. Das bedeutet im Umkehrschluss, dass in diesem Szenario nur noch rund 15 GW durch konventionelle Kraftwerke bereitgestellt werden musste (Synwoldt 2012). Die Sekundärachse der Abbildung bildet zur

Windeinspeisung den gleichzeitigen Regellastbedarf ab. Hier sind eine positive Ausregelung in der windschwachen Zeit und eine negative Ausregelung in der windstarken Zeit ersichtlich.

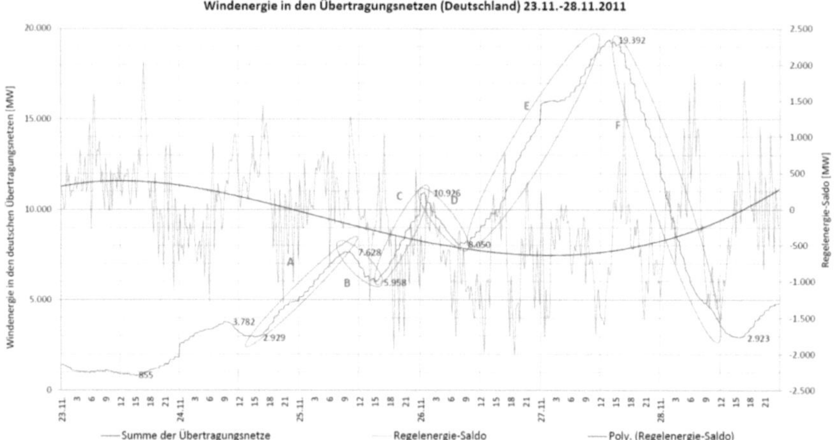

Abbildung 1: Änderungsszenarien der Windenergiesummen und dem zugehörigen Regelleistungssaldo in deutschen Übertragungsnetzen (Daten: EEG/KWK-G 2013a)

Tabelle 2: Szenario-Auswertung zu Leistungsänderungen, Wind-Einspeisung in D. zu Abb. 1

SZENARIO	A	B	C	D	E	F
Anfangszeitpunkt	15:15	10:15	15:15	01:00	08:00	14:00
Endzeitpunkt	10:15	15:15	01:00	08:00	14:00	16:00
Intervalldauer [Std.]	19	5	9,75	8	30	26
Anfangslast [MW]	2.929	7.628	5.958	10.926	8.050	19.392
Endlast [MW]	7.628	5.958	10.926	8.050	19.392	2.923
Leistungsänderung [MW]	**4.699**	**- 1.670**	**4.968**	**- 2.876**	**11.342**	**- 16.469**
Änderungsgeschwindigkeit [MW/Std.]	**247**	**- 334**	**510**	**- 360**	**378**	**- 633**

Bezugnehmend auf die ermittelte Änderungsgeschwindigkeit der deutschen Windkraft aus Tabelle 2 beträgt der Änderungskoeffizient 4 %/Stunde bezogen auf die installierte Engpassleistung im betrachteten signifikanten Fall. Neben dem Änderungsverhalten der Windkrafteinspeiseleistung ist aus technischer und vor allem aus ökonomischer Sicht das Verhältnis der mittelfristig eingespeisten Energie zur anlagenspezifisch erforderlichen Anschlussleistung (Engpassleistung) von Bedeutung. Am Beispiel der deutschen Übertragungsnetze waren 2011 zwar über 22 GW an Windkraftleistung installiert und es mussten ebenso Kapazitätsreserven dafür bereitgestellt werden, jedoch konnten diese Anlagen nur eine theoretische elektrische Dauerleistung von 3,2 GW über einen Zeitraum von 18 Monaten (4/2011 – 10/2012) zur Energiebereitstellung beitragen (siehe Abbildung 2).

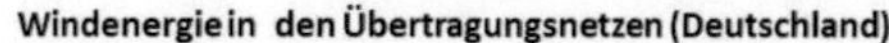
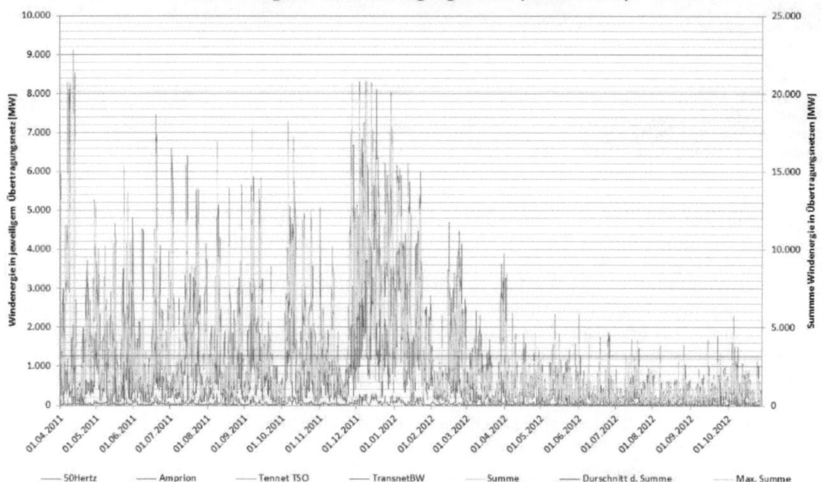

Abbildung 2: Windenergie in deutschen Übertragungsnetzen Zeitraum: 1,5 Jahre (EEG/KWK-G 2013a)

Analog zu den Erkenntnissen des deutschen Übertragungsnetzes im Hinblick auf die Windenergieeinspeisung kann in Österreich ein ähnliches Verhalten erkannt werden. Im Szenario B (siehe Abbildung 3), das die stärkste Veränderung aufzeigt, kommt es zu einer Leistungszunahme von 102 MW/Std. Dies entspricht für den betrachteten Zeitraum etwa einer Zunahme von 11 %/Stunde bezogen auf die installierte Engpassleistung (APG 2013b). Die höhere Änderungsgeschwindigkeit in Österreich kann auf die kleinere geografische Ausdehnung und damit einhergehendes homogeneres Verhalten der Netzregion zurückgeführt werden.

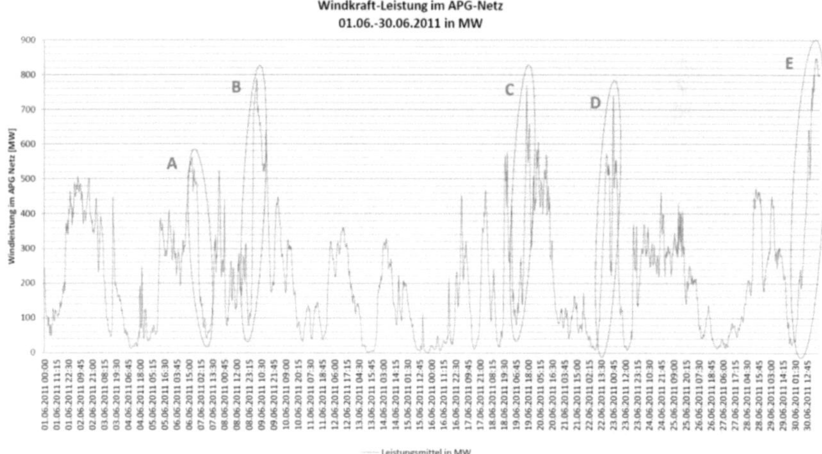

Abbildung 3: Windkraft Einspeiseleistung im Austrian Power Grid - Netz (Daten: APG 2013b)

Tabelle 3: Szenarioauswertung zu Leistungsänderungen, Wind-Einspeisung in Ö. zu Abb. 2

SZENARIO	A	B	C	D	E
Anfangszeitpunkt	19:45	23:00	07:15	08:00	01:30
Endzeitpunkt	05:00	06:00	16:00	18:00	19:45
Intervalldauer [Std.]					
Anfangslast [MW]	530	76	80	7	31
Endlast [MW]	70	789	769	573	847
Leistungsänderung [MW]	**- 460**	**713**	**689**	**566**	**816**
Änderungsgeschwindigkeit [MW/Std.]	**- 77**	**102**	**79**	**57**	**45**

Im Vergleich zur Photovoltaik zeichnet sich die Windkraft durch eine deutlich schlechtere Prognosefähigkeit aus. Aufgrund der verfügbaren Daten für Österreich wurden hierfür die Prognosewerte den tatsächlichen Einspeisewerten gegenübergestellt (Abbildung 4). Es kommt bei den Prognoseabweichungen sowohl zu positiven wie negativen Ungenauigkeiten. Über einen Zeitraum von mehreren Tagen gleichen sich diese Abweichungen weitgehend aus. In der Viertelstundenauswertung beträgt die Abweichung im betrachteten Zeitraum (Juni 2012) maximal + 514 MW und – 367 MW. Dies entspricht + 49 % und – 35 % der installierten Engpassleistung. In einer undefinierten Regelmäßigkeit von etwa zwei Tagen betragen die Abweichungsspitzen immer rund +/- 200 MW. Dies entspricht etwa 20 % der installierten Engpassleistung (APG 2013b). Die höheren Einspeiseabweichungen zur Vorhersage können für Österreich im Vergleich zu Deutschland auf das geografisch kleinere Netzgebiet und die topografischen Begebenheiten zurückgeführt werden (Wolter 2011).

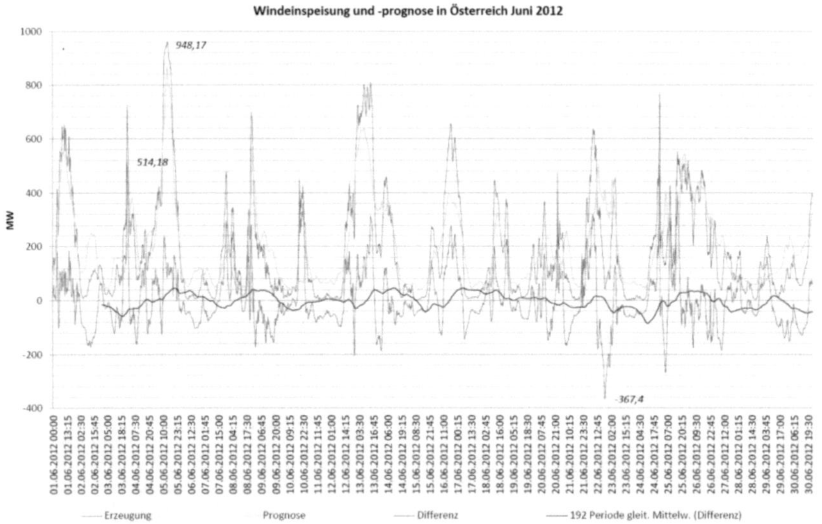

Abbildung 4: Vergleich der Windeinspeisung zu den Prognosewerten für Österreich, Juni 2012 (Daten: APG 2013b)

Das Verhältnis der tatsächlich erbrachten Einspeiseleistung zur installierten Leistung ist ebenso an den Dauerlinien in Abbildung 5 ersichtlich. Anhand der Dauerlinien kann ein deutlicher Unterschied zwischen der Einspeiseleistung Deutschlands und Österreichs ausgemacht werden. Einerseits kommt hier wieder der Effekt der Landesgröße zum Tragen. Andererseits begründet sich dies im funktionierenden Einspeisemanagement in Deutschland.

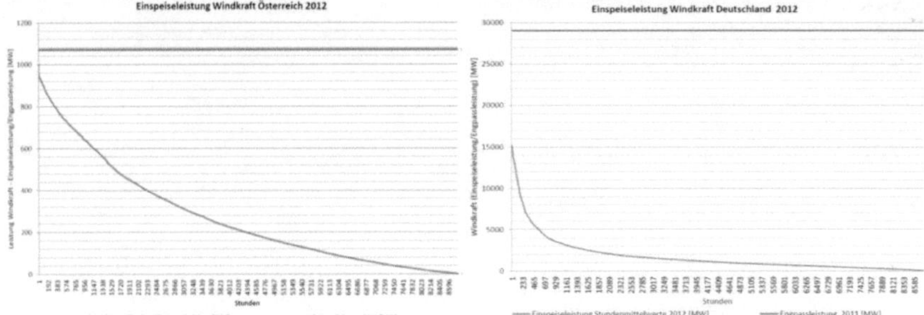

Abbildung 5: Dauerlinien Windkraft Österreich und Deutschland 2012 (Daten: APG 2013b und EEG/KWK-G 2013a)

3.2 *Photovoltaik*

Energieerzeugung aus Sonnenkraft durch Photovoltaik stellt auch im mittlerweile stark erweiterten Kraftwerksverbund vor allem in Deutschland (22 GW) nur eine sehr geringe Unsicherheit im Sinne einer Versorgungsunsicherheit (Prognoseabweichung) dar. Die in Deutschland installierten Photovoltaik-Anlagen sind zu 80 % an das dezentrale Niederspannungsnetz angeschlossen, wo der Strom somit verbrauchsnah eingespeist wird und nicht in höheren Ebenen übertragen werden muss (BSW 2012). Ebenso haben nur 15 % der PV-Kraftwerke in Deutschland eine Engpassleistung über 1 MW (Wirth 2012).

Als weiteres positives Argument für die intensive Nutzung von Photovoltaik spricht die hervorragende Prognosefähigkeit (siehe Abbildung 6). Die maximale Abweichung im Beobachtungszeitraum beträgt 9 %. Dabei wirkt sich der weitreichende Netzverbund Deutschlands sehr positiv auf die Abweichungen aus. Lokale Durchzugswolken beeinflussen dabei die hohe Einspeiseleistung nur sehr gering. Großwetterlagen können mit hinreichender Genauigkeit vorhergesagt werden. Größere Abweichungen gibt es durch Schneebedeckung der Module im Winter (Lorenz 2011). In Deutschland kommt es aufgrund der geografischen Größe nur an sehr wenigen Tagen im Jahr zu Situationen, an denen mehr als 70 % der installierten Leistung von PV tatsächlich in das Netz eingespeist werden (BSW 2012).

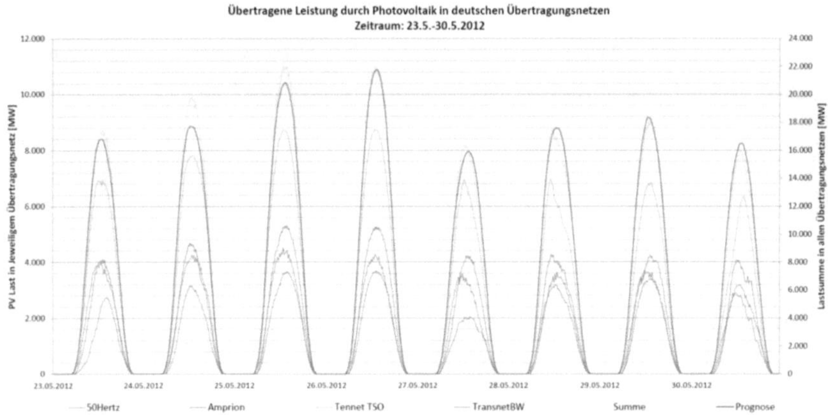

Abbildung 6: Übertragene PV-Leistung in deutschen Übertragungsnetzen mit zugehöriger Prognose 23.-30.05.2012 (Daten: EEG/KWK-G 2013b)

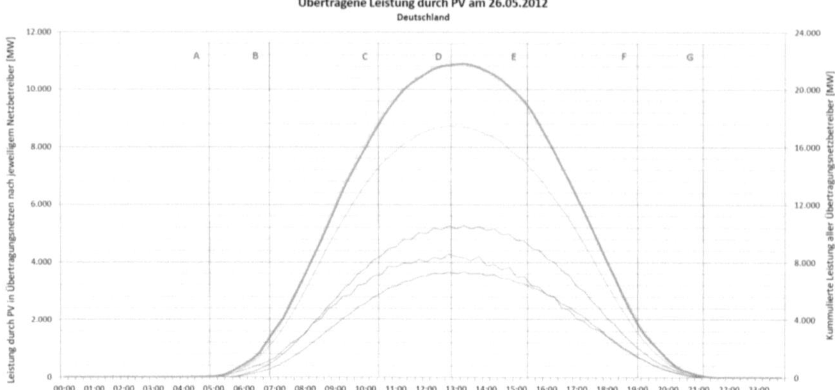

Abbildung 7: Übertragene PV-Leistung in deutschen Übertragungsnetzen mit zugehöriger Prognose 26.05.2012 (Daten: EEG/KWK-G 2013b)

Tabelle 4: Szenarioauswertung zu PV-Einspeisung in D. zu Abb. 7

SZENARIO	A-B	B-C	C-D	D-E	E-F	F-G
Anfangszeitpunkt	05:00	07:00	10:30	13:00	15:30	19:00
Endzeitpunkt	07:00	10:30	13:00	15:30	19:00	21:15
Intervalldauer [Std.]	2	3,5	2,5	2,5	3,5	2,25
Anfangslast [MW]	0	2.857	18.074	21.675	18.007	3.975
Endlast [MW]	2.857	18.074	21.675	18.007	3.975	0
Leistungsänderung [MW]	**2.857**	**15.217**	**3.601**	**- 3.668**	**- 14.032**	**- 3.975**
Änderungsgeschwindigkeit [MW/Std.]	**1.429**	**4.348**	**1.440**	**- 1.467**	**- 4.009**	**- 1.767**

3.3 Saisonale Einflüsse auf die Netzlast

3.3.1 Windkraft

Das Windaufkommen und im speziellen die erzeugte Windenergie durch die in Österreich installierten Windkraftanlagen ist saisonal beeinflusst. Dies wird durch die Auswertung der Energieeinspeisung der österreichischen Windkraftanlagen in das APG-Netz deutlich. Hierzu wurden die momentanen ¼-Stunden Leistungen der Windkraftanlagen in Abbildung 8 von 2003 bis 2012 ausgewertet. Anhand der Monatsmittelwerte (grüne Linie) ist eine recht erhebliche saisonale Schwankung zwischen Sommer und Winter von rund +/- 50 % festzustellen. Die Abbildung zeigt auch den deutlichen Ausbau der Windkraftanlagen von 2003 bis 2006.

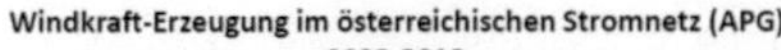

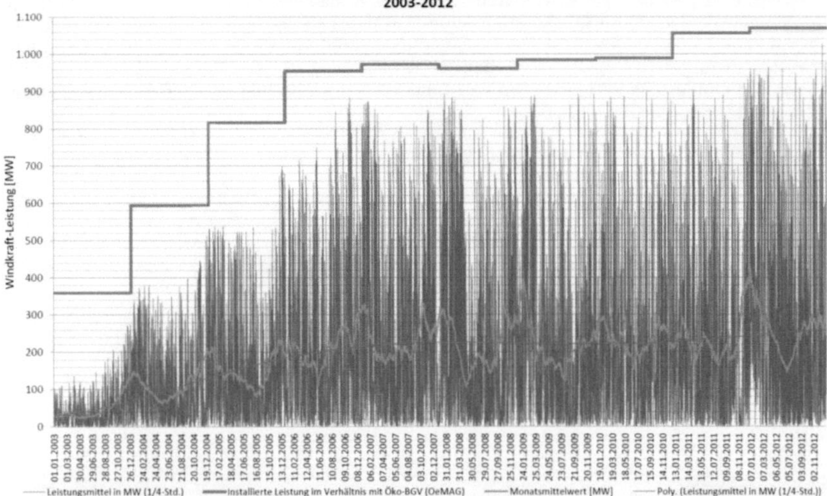

Abbildung 8: Windkraft im österreichischen APG-Netz, Tatsächliche Einspeiseleistung 2003-2012 (Daten: APG 2013b und Energie-Control Austria 2012a, S.33-34)

An verbrauchsschwachen Tagen, an denen gleichzeitig im speziellen hohe Windlasteinspeisung verzeichnet wird, kommt es regelmäßig zu einem Ungleichgewicht im Netz. Es kann im Betrachtungszeitraum (Abbildung 9) eine deutliche Korrelation zwischen Überangebot von Windstrom und Marktpreis erkannt werden. Einer dieser Fälle konnte am 25.12.2012 beobachtet werden. Über mehrere Stunden wurde das Überangebot durch die hohe Stromeinspeisung aus Wind an den Börsen mit negativen Preisen verkauft. Im Extremfall wurde für die Abnahme einer MWh an der EEX € 473,82 bezahlt. Ein eindeutiger Zusammenhang des Windangebots und einem (leicht verzögert) fallendem Marktpreis an der EEX ist in Abb. 9 ersichtlich. Dabei ist auch der Einfluss der Abnahme ersichtlich. Am ersten und zweiten Weihnachtsfeiertag kam es zu negativen Kosten der Stromabnahme. Ab dem 27.12.2012 konnte der Spot-Preis bereits wieder relativ stabil gehalten werden (eex.com und EEG/KWK-G 2013a).

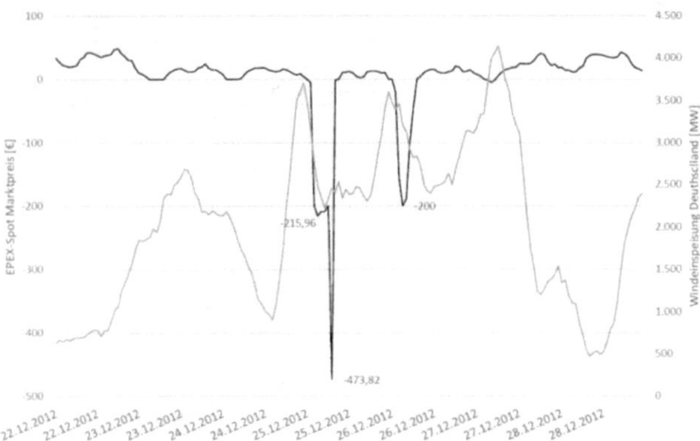

Abbildung 9: Strompreis an der EEX im Verhältnis zur eingespeisten Windlast (22.12. - 28.12.2012) (Daten: eex.com und EEG/KWK-G 2013a)

3.3.2 Photovoltaik

Photovoltaik zeigt neben dem sehr klaren Tages- und Wochenverlauf und der ebenso sehr guten Prognosefähigkeit auch im Jahresverlauf eine charakteristische Gleichmäßigkeit. Um die Mittagszeit konnte 2012 an über 200 Tagen mindestens 5.000 MW Photovoltaik-Leistung ins deutsche Übertragungsnetz eingespeist werden (siehe Abbildung 10). Von März bis Oktober konnten regelmäßig mindestens PV-Leistungen von rund 70 % der installierten Engpassleistung ermittelt werden (EEG/KWK-G 2013b).

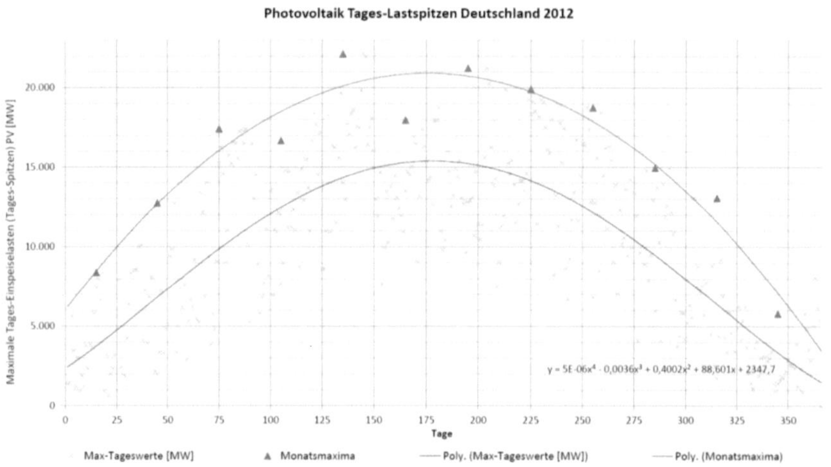

Abbildung 10: Photovoltaik Einspeiselast Deutschland, Tageslastspitzen 2012 (Daten:EEG/KWK-G 2013b)

4 NETZE

Die installierten Photovoltaikanlagen sind im Netzgebiet sehr gut verteilt. Nur 15 % der installierten PV-Kraftwerke haben eine Leistung > 1 MW. Der überwiegende Teil ist dezentral in den Verteilnetzen installiert. An jenen Häufungen kleiner Anlagen in dünn besiedeltem Gebiet und zur Ableitung des Stroms aus Großanlagen sind mancherorts Investitionen in die Netzverstärkung erforderlich. Weiterem Ausbau kann großflächig mit der netzstützenden Funktion neuer Wechselrichter entgegengesetzt werden. Diese regulieren nach dem Prinzip der „Frequenzabhängigen Wirkleistungsreduktion" die Einspeiseleistung in Engpasssituationen (siehe Kapitel 4.1). Mit der heutigen Netz- und Kraftwerksstruktur ist ein weiterer Ausbau der Photovoltaikkraftwerke von heutigen 22 GW auf 30 – 40 GW in Deutschland möglich, ohne weitere Probleme zu generieren (Wirth 2012).

Durch den derzeitigen relativ hohen Zubau neuer Windkraft in Österreich kommt es zu Veränderungen in den Netzen, die Maßnahmen nach sich ziehen. In den Verteilnetzen (bis 110 kV) werden teilweise die Löschstromgrenzen des jetzigen Systems erreicht, wodurch weitere Löschspulen und auch weitere Schutzgeräte installiert werden müssen. Ebenfalls werden gegebenenfalls zur Netzabstützung weitere Umspannwerke erforderlich werden. Aufgrund des Kabelanteils in den Verteilnetzen sind auch neue Kompensationsstrategien wegen der hohen Blindleistungsrückspeisung in die Übertragungsnetze erforderlich. Im Bereich der Übertragungsnetze hat die Austrian Power Grid mit dem Schluss des 380 kV-Rings im östlichen Teil bereits eine erhebliche Stabilisierung erreicht. Eine weitere Stabilisierung wird durch den Ring-Schluss in Salzburg erreicht werden, der bis 2018 erfolgen soll. Der zweite Teilabschnitt der Salzburgleitung wurde 2012 zur UVP eingereicht. In dieser Ausbaustufe soll der weitere intensive Ausbau der Windkraft in Ost-Österreich und ebenso weiterer Zubau von Pumpspeicherkraftwerken (5 GW) im Westen auch stabil in das Netz integriert und übertragen werden können (Wolter 2011). Um den neuen Herausforderungen gerecht zu werden, wurden im APG-Netz bereits mehrere Phasenschiebertransformatoren installiert. Damit können die Lasten auch in der bestehenden Netzstruktur gezielter und ausgeglichener übertragen werden (2006: Ernsthofen, Ternitz, Tauern, 2012: Lienz) (APG 2011).

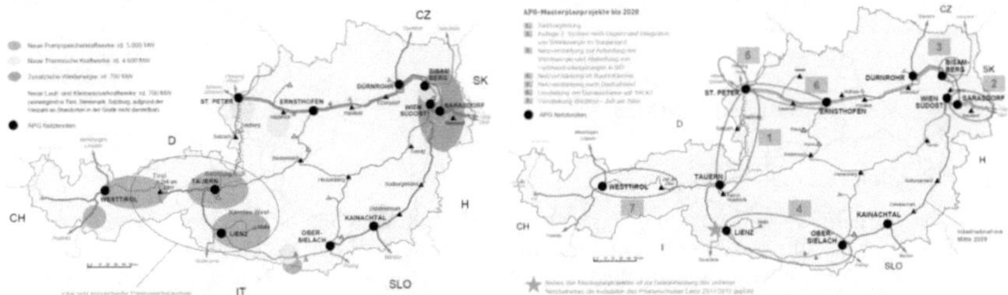

Abbildung 11: Ausbau von Windkraft und Pumpspeicher bis 2020 bei bestehender Netzsituation und weitere Investitionen in das Netz bis 2020 (APG 2011)

Entsprechend der Zielsetzung der Europäischen Union (EU: von 80 auf 450 GW in 2020) zum weiteren Ausbau der erneuerbaren Energien sind in Österreich bis zum Jahr 2020 weitere Windkapazitäten von 3 GW auf dann 4 GW und weitere 1,7 GW Photovoltaik-Kapazitäten auf dann 2 GW geplant. Im speziellen birgt dies Herausforderungen für die Übertragungsnetze. In der Vergangenheit konnte der im Verhältnis noch gemäßigte Zubau erneuerbarer Kapazitäten vom Netzbetreiber APG gut eingegliedert werden. Jedoch sind die neuen Herausforderungen bereits an der Anzahl der erforderlichen Eingriffe zur Netzstabilisierung ersichtlich. Diese stiegen von 1.800 Eingriffen in 2009 auf 2.500 Eingriffen in 2011 (APG 2012).

Zur Sicherstellung der Versorgungsicherheit in den kommenden Jahrzehnten wird die APG bis 2020 rund € 2 Mrd. in das österreichische Stromnetz investieren. Jede der geplanten Maßnahmen steht in direktem oder indirektem Bezug zu den Belastungen durch die Energiewende.

Wichtigste Neubau Projekte (APG 2012 u. APG 2011) (ebenso ersichtlich in Abbildung 9):

- 2. Teilabschnitt der Salzburgleitung: Schließung des 380 kV-Rings in Salzburg, Einbindung und Ableitung der Windkraft in Ostösterreich, Verbindung Ost-Ö. zu Pumpspeichern.
- Integration der Windenergie in Ost-Ö.: Erweiterung und Neuerrichtung von Umspannwerken, Verstärkung der Leitungen, zusätzliche Transformatoren.
- 380 kV Anbindung nach Deutschland: Übertragung von Windstrommengen aus Deutschland, Einspeicherung in Pumpspeichern, Stützung des deutschen Netzes durch ö. Kraftwerke, zurzeit 220 kV.
- Aufrüstung der Donauschiene auf 380 kV: Verstärkung der Ost-West Übertragung durch Anhebung von 220 kV auf 380 kV, bereits genehmigt.

Ebenso gibt es Ausbauanstrengungen im deutschen Verbundnetz. Der deutsche Netzentwicklungsplan sieht bis 2022 Investitionen von € 23 Mrd. vor (50Hertz et al 2012).

4.1 *Frequenzabhängige Wirkleistungsreduktion*

Im Falle einer potentiellen Gefahrensituation, die den stabilen Netzbetrieb gefährdet, ist der Netzbetreiber in Deutschland berechtigt Erzeugungsanlagen zur Reduktion der Einspeiseleistung aufzufordern. Im engeren Sinn sind die Gefahrsituationen wie folgt definiert (BDEW, 2008):

- Potenzielle Gefahr für den sicheren Systembetrieb
- Engpässe bzw. Gefahr von Überlastungen im Netz des Netzbetreibers
- Gefahr einer Inselnetzbildung
- Gefährdung der statischen oder der dynamischen Netzstabilität
- Systemgefährdender Frequenzanstieg
- Im Rahmen des Erzeugungsmanagements/ Einspeisemanagements/ Netzsicherheitsmanagements

Die Erzeugungsanlage muss in jedem Betriebszustand mindestens eine Reduktion der Einspeiseleistung um 10 % pro Minute ermöglichen ohne dass die Anlage vom Netz getrennt wird. Im Anlagenbetrieb bei einer Netzfrequenz von mehr als 50,2 Hz muss die Anlage die Leistung mit einem Gradienten von 40 %/Hz reduzieren. Diese Wirkleistungsreduktion erfolgt durch Vorgabe von Formel 1. Hat sich die Netzfrequenz wieder auf einen Wert $f \leq 50,05$ Hz normalisiert, darf die Wirkleistung wieder gesteigert werden (VDN 2007). Der Regelbedarf bei statischer Betrachtung des ENTSO-E Netzes ohne Regeleingriff beträgt 19,5 GW/Hz (ENTSO-E 2009).

Formel 1: Wirkleistungsreduktion bei Überfrequenz bei regenerativen Erzeugungsanlagen (VDN, 2007)

$$\Delta P = 20 * P_M \frac{50{,}2\,Hz - f_{Netz}}{50\,Hz}$$

5 RECHTLICHE RAHMENBEDINGUNGEN

5.1 *Deutschland*

Für Betreiber von Photovoltaikanlagen (> 30 kW) gibt in Deutschland das Erneuerbare Energien Gesetz, EEG in § 6 die Reduzierung der Einspeiseleistung vor. Zur Verhinderung von Netzengpässen wird hierzu das Einspeisemanagement in § 11 EEG geregelt. Bei erfolgter Einspeisereduzierung durch den Netzbetreiber ist dieser zu Entschädigungszahlungen aufgrund entgangenem Erlös verpflichtet (EEG 2004). Weitere Regelung der Einspeisung aus Erzeugungsanlagen wird im Energiewirtschaftsgesetz § 13 festgehalten. Demnach dürfen durch den Übertragungsnetzbetreiber Erzeugungsanlagen im Sinne der Umgehung von Störungen still gelegt werden. . In diesem Fall sind keine Entschädigungszahlungen für Erneuerbare erforderlich (EnWG 2012).

An der stark steigenden Anzahl der Eingriffe gemäß den gesetzlichen Rahmenbedingungen ist die Problematik der Netzbelastung durch Erneuerbare ersichtlich (Abbildung 12). Bereits im Juli 2012 wurden für dieses Jahr an 52 Tagen Maßnahmen nach § 11 EEG und/oder § 13 EnWG (Drosselung der Einspeisung) umgesetzt. Dies entsprach 97 GWh beziehungsweise € 8 Mio. Ertragsentgang (Müller-Mienack 2012).

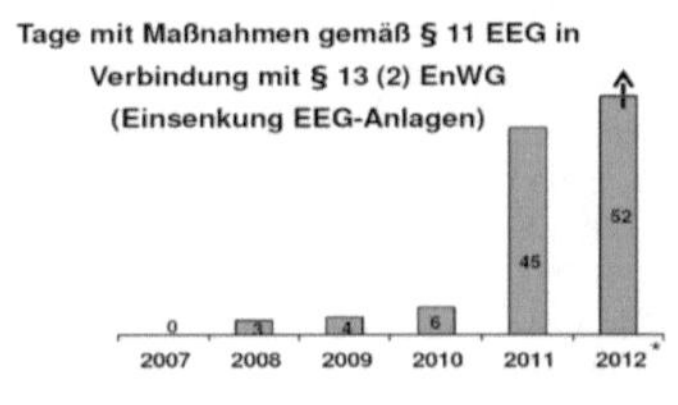

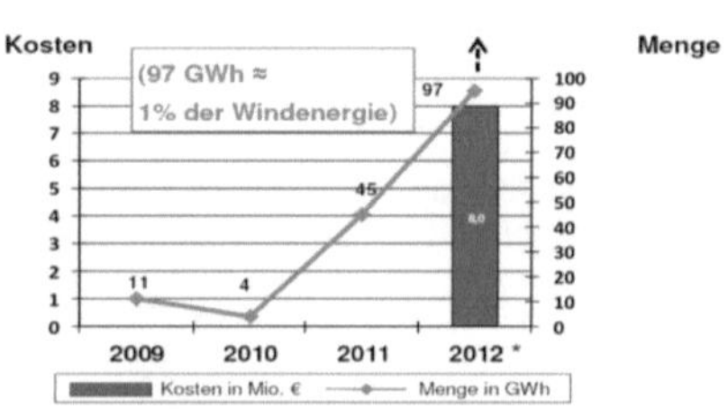

Abbildung 12: Anzahl der Eingriffe in die Erzeugung nach EEG und EnWG (Müller-Mienack 2012)

5.2 *Österreich*

In Österreich gibt es sowohl im Ökostromgesetz 2012 als auch im Elektrizitätswirtschafts- und Organisationgesetz 2010 keine vorgesehene Maßnahme des Einspeisemanagements und einhergehender Drosselung Erneuerbarer analog zum EEG in Deutschland. Jedoch sieht das ELWOG in § 23 und § 40 ein Engpassmanagement vor, das den Regelzonenführer und Übertragungsnetzbetreiber berechtigt Erzeuger zur Sicherstellung der n-1 Sicherheit des Netzes in der Erzeugung zu limitieren. Dazu hat der Regelzonenführer mit den Erzeugern Vereinbarungen zu treffen welche ihn berechtigen gegen Ersatz der Kosten die Einspeisung zu drosseln (Bruyn 2013, ELWOG 2010, ÖSG 2012).

5.3 *EU*

Im 3. Energiebinnenmarktpaket legt die EU den neuen gesetzlichen Rahmen für den europäischen Elektrizitätssektor fest. In der neuen Verordnung EG Nr. 714/2009 werden die Netzzugangsbedingungen festgelegt. Ziel ist die Erhöhung der Marktintegration und die Einbindung Erneuerbarer Energien. Basierend auf angesprochene Verordnung sind die Netzbetreiber (im speziellen in Form der ENTSO-E) angehalten harmonisierte Netzkodizes zu erstellen und diese der Agentur für die Zusammenarbeit der Energieregulierungsbehörden (ACER) vorzulegen. Die Gestaltung der Netzkodizes wird von ACER nach Maßgabe der Europäischen Kommission mittels einer Rahmenleitlinie an ENTSO-E vorgegeben. Die erstellten Netzkodizes fließen in die europäische Gesetzgebung ein (EG 2009, Kaendler 2011).

In dieser Weise entsteht eine Reihe von Kodizes für das Zusammenspiel der Akteure im Stromnetz. Der bestehende und bereits überarbeitete „Network Code on Requirements for Generators" von 6/2012 klassifiziert elektrische Kraftwerke in Typen und gibt ihnen ein bestimmtes Verhalten in definierten Netzsituationen vor (ENTSO-E 2012b).

6 SCHLUSSFOLGERUNG, FORSCHUNGSANSATZ

Wurden 2008 rund 85 % des vermarkteten Stroms als Day-ahead Produkte im Vorhinein und etwa 8 % als Intraday Produkte gehandelt, sind es 2012 nur noch rund 40 % als Dayahead und 25-30 % werden bereits Intraday gekauft. Dies ist ein Indiz für die zunehmende Volatilität von Erzeugung und Verbrauch und Trend für die zukünftige Entwicklung des Stromhandels hin zu unmittelbarem Handel (Kapetanovic 2013).

Zur Erhöhung der Volllaststunden der Wind- und Photovoltaikanlagen und ebenso zur Möglichkeit der lokalen Entlastung von Netzengpässen sollten neue Speichertechnologien wie die strombasierte Wasserstofferzeugung (Power-to-Gas), thermische Stromspeicher (Power-to-Heat), Druckluftspeicher etc. angestrebt werden. Bei Betrachtung der Ausbauziele für Erneuerbare in den nächsten Jahrzehnten muss von einer Zunahme der Abschaltungen ausgegangen werden. Diese Abschaltungen erhöhen die Stromgestehungskosten (Beispiel Wind: 55 → 61 €/MWh) und müssen bei der ganzheitlichen Kalkulation neuer Speichertechnologien einbezogen werden (Kloess 2013). Diesen Investitionen in die Netze und neue Speicher können Ersparnisse durch die Merit-Order an wind- und sonnenreichen Tagen sowie durch die Erhöhung der Volllaststunden des gesamten Kraftwerksparks gegenübergestellt werden (Carr 2012). Weitere Einsparungen können durch die Erhöhung der Prognosesicherheit beziehungsweise durch die Verminderung des Bedarfs an Ausgleichskapazitäten erzielt werden. Der Ausgleich von Prognosefehlern verursacht Kosten von € 4,4/MWh (€ 2,2 – 5,4/MWh, je nach Betrachtungszeitpunkt (Opportunitätskosten, Alternativvermarktung, Merit-Order Verkürzung)) (Roon 2011).

Ebenso wird sich auch der bestehende konventionelle Kraftwerkspark auf Änderungen im Betrieb einstellen müssen. Steinkohle- und Gaskraftwerke werden mit sinkenden Volllaststunden, häufigeren An- und Abfahrten und starkem Lastwechsel konfrontiert (Brauner 2012). Aus ökonomischer Sicht sind die Kosten der sinkenden Volllaststunden des gesamten Kraftwerksparks (Abstellung Erneuerbare durch Einspeisemanagement, Abstellung konventioneller aufgrund Residuallast durch Erneuerbare) signifikant und daher Investitionen in künftige (regelbare) Verbraucher zur Energieumwandlung in Betracht zu ziehen. Moderne Gas- und Dampf-, Gasturbinen- und Kohlekraftwerke bieten bereits hohe Leistungsgradienten von > 60 %/min in der Primärfrequenzregelung und bis zu 9 %/min in der Sekundärregelung (Tomschi 2012). Dabei können auch nur bedingt regelbare Verbraucher wie Power-to-Gas-Einheiten ein Potential für die zeitliche Entkoppelung von Erzeugung und Verbrauch darstellen.

Bezogen auf Österreich werden die anstehenden Investitionen der APG vor allem mit dem Ringschluss und der Stützung der Donauschiene eine Entlastung der Situation bringen. Im Hinblick auf den weiteren Ausbau der Erneuerbaren würden weitere Speicher im Nord-Osten Österreichs eine Entlastung des Nord-Ost/Süd-West Gefälles bringen (Chochole 2012).

Zur vertiefenden und praxisnahen Untersuchung der Thematik der Netzüberlastungen empfiehlt sich eine Analyse der Betriebsdaten spezieller Transportleitungen und Netzknotenpunkte. Dies erfordert betriebsinterne Daten der Netzbetreiber, im Fall Österreichs der Austrian Power Grid. Zur Untersuchung der Thematik möglicher Spitzenlastglättung im Verbundnetz empfiehlt sich die Analyse möglicher neuer steuerbarer Abnehmer zur Energieumwandlung. Der Autor behandelt diese Thematik im Rahmen einer Diplomarbeit mit speziellem Augenmerk auf die Eignung der Technologie „Power-to-Gas" zur Energiespeicherung und Netzentlastung.

LITERATUR

50Hertz et al (2012) *Netzentwicklungsplan Strom 2012*, 50 Hertz Transmission GmbH, Berlin, 2012, abgerufen unter: http://www.netzentwicklungsplan.de/content/netzentwicklungsplan-2012-2-entwurf am 10.12.2012

APG (2011) *APG-Masterplan 2020 – Die strategische Weiterentwicklung des Höchstspannungsnetzes der Austrian Power Grid AG,* 2011, Wien, abgerufen unter:

http://www.apg.at/de/netz/netzausbau/masterplan am 24.12.2012

APG (2013a) *Marktinformationen zum APG-Netz*, abgerufen unter: http://www.apg.at/de/markt

APG (2013b) *Ist-Werte der Windenergieeinspeisung im Austrian Power Grid*, APG, abgerufen unter: http://www.apg.at/de/markt/erzeugung/windenergie am 01.01.2013

APG (2012) *Presseinformation: Netzengpässe können Energiewende gefährden*, Austrian Power Grid AG (APG) warnt vor Einschränkungen bei Windintegration, 2012, Wien, abgerufen unter: http://www.apg.at/de/news/aktuelles/0001/01/01/Netzengpaesse%20Energiewende am 16.12.2012

BMVIT (2012) *Innovative Energietechnologien in Österreich, Marktentwicklung 2011*, Bundesministerium für Verkehr, Innovation und Technologie, 2012, Wien abgerufen unter: http://www.nachhaltigwirtschaften.at/publikationen/view.html/id1021 am 14.01.2013

BDEW (2008) *Technische Richtlinie Erzeugungsanlagen am Mittelspannungsnetz, Richtlinie für Anschluss und Parallelbetrieb von Erzeugungsanlagen am Mittelspannungsnetz*, Bundesverband der Energie- und Wasserwirtschaft e.V., Berlin, abgerufen unter: http://www.bdew.de/internet.nsf/id/A2A0475F2FAE8F44C12578300047C92F/$file/BDEW_RL_EA-am-MS-Netz_Juni_2008_end.pdf am 06.01.2013

Brauner, G. (2012) *Erneuerbare Energie braucht flexible Kraftwerke – Szenarien bis 2020*. In: WEC-Workshop „Die Energiewende", Wien, abgerufen unter: http://www.ove.at/akademie/WEC2012/6_Brauner_EW_2012.pdf am 20.11.2012

Bruyn K., Markl B.(2013) *Smart Grids in Österreich aus rechtlicher Sicht*. In: 8. Internationale Energiewirt-schaftstagung an der TU Wien, Vortrag, abgerufen unter: http://www.eeg.tuwien.ac.at/eeg.tuwien.ac.at_pages/events/iewt/iewt2013/uploads/abstracts/A_24_de_Bruyn_Kathrin__18-Jan-2013_12-00.pdf am 20.11.2012

BSW (2012) *Ausbau und Ertüchtigung des Niederspannungsnetzes zur Aufnahme großer Mengen an Photo-voltaik*, Bundesverband Solarwirtschaft, Berlin abgerufen unter: http://www.solarwirtschaft.de/fileadmin/media/pdf/bsw_hintergr_netzausbau.pdf am 24.01.2013

Carr, L. et al (2012) *Windkraft- und PV-Erzeugungsspitze in Deutschland – Auswirkungen im europäischen Verbundsystem*, Forschungsstelle für Energiewirtschaft e.V., München, 2012 abgerufen unter: http://www.ffe.de/publikationen/pressemeldungen/415-windkraft-und-pv-erzeugungsspitze-in-deutschland-auswirkungen-im-europaeischen-verbundsystem am 01.12.2012

Cholchole, M. (2012) *Bedarf und Möglichkeiten für ein Super-Grid in Österreich*. In „WEC-Workshop – Die Energiewende", Wien, abgerufen unter: http://publik.tuwien.ac.at/files/PubDat_211408.pdf am 20.11.2012

EEG (2004) *BGBL Jahrgang 2004 Teil I Nr. 40 Seite 1918: Gesetz zur Neuregelung des Rechts der Erneuerba-ren Energien im Strombereich*, abgerufen unter: www.bgbl.de am 23.12.2012

EEG (2012) *BGBL Jahrgang 2011 Teil I Nr. 42 Seite 1634: Gesetz zu Neuregelung des Rechtsrahmens für die Förderung der Stromerzeugung aus erneuerbaren Energien*, abgerufen unter: www.bgbl.de am 23.12.2012

EEG/KWK-G (2013a) *Ist-Werte der deutschen Windenergie-Einspeisung, Informationsplattform der deut-schen Übertragungsnetzbetreiber*, abgerufen unter: http://www.eeg-kwk.net/de/Windenergie_Hochrechnung.htm am 01.01.2013

EEG/KWK-G (2013b) *Ist-Werte der deutschen Photovoltaik-Einspeisung, Informationsplattform der deut-schen Übertragungsnetzbetreiber*, abgerufen unter: http://www.eeg-kwk.net/de/Solarenergie_Hochrechnung.htm am 01.01.2013

EEG/KWK-G (2013c) *Differenz Einspeiseprognose zu vermarkteter Strommenge, Informationsplattform der deutschen Übertragungsnetzbetreiber*, abgerufen unter: http://www.eeg-kwk.net/de/Einspeiseprognose.htm am 01.01.2013

EEG/KWK-G (2013d) *Inanspruchnahme Ausgleichsenergie, Informationsplattform der deutschen Übertra-gungsnetzbetreiber*, abgerufen unter: http://www.eeg-kwk.net/de/Inanspruchnahme_Ausgleichsenergie.htm am 01.01.2013

EG (2009) *Verordnung Nr. 714/2009 des Europäischen Parlaments und des Rates über die Netzzugangsbe-dingungen für den grenzüberschreitenden Stromhandel und zur Aufhebung der Verordnung (EG) Nr. 1228/2003*

ELWOG (2010) *Elektrizitätswirtschafts- und –organisationsgesetz*, Wien, 2010

Energie-Control Austria (2012a) *Ökostrombericht 2012*, Wien, abgerufen unter: http://www.e-control.at/de/publikationen/oeko-energie-und-energie-effizienz/berichte/oekostrombericht am 27.12.2012

Energie-Control Austria (2012b) *Statistikbroschüre 2012*, Wien, abgerufen unter: http://www.e-control.at/de/publikationen/statistik-bericht am 27.12.2012

Energie-Control Austria (2012c) *Entwicklung der Engpassleistung 2003-2011*, Wien, Österreich, abgerufen unter: http://www.e-control.at/de/industrie/oeko-energie/zahlen-daten-fakten/anlagenstatistik/engpassleistung-und-vertragsverh%C3%A4ltnisse am 04.01.2012

EnWG (2012) *Gesetz über die Elektrizitäts- und Gasversorgung – Energiewirtschaftsgesetz*, Berlin, 2012

ENSTO-E (2009) *P1 – Policy 1: Load-Frequency Control and Performance [C]* Brüssel, abgerufen unter: https://www.entsoe.eu/publications/system-operations-reports/operation-handbook/ am

03.01.2013

ENTSO-E (2012a) *Statistical Yearbook 2011*, Brüssel abgerufen unter: https://www.entsoe.eu/publications/general-reports/statistical-yearbooks/ am 19.12.2012

ENTSO-E (2012b) *ENTSO-E Network Code for Requirements for Grid Connection Applicable to all Generators*, Brüssel, abgerufen unter: https://www.entsoe.eu/major-projects/network-code-development/requirements-for-generators/ am 21.03.2013

Grebe, E. (2011) *Das 50,2 Hz-Problem, Systemerhaltung bei spontanem Leistungsungleichgewicht.* In: BMWi-Gesprächsplattform "Zukunftsfähige Netze und Systemsicherheit", Berlin, abgerufen unter: http://www.vde.com/de/fnn/arbeitsgebiete/tab/documents/dr grebe 50-2-hz-problem.pdf am 01.11.2012

Kaendler, G. (2011) *„Network Codes" im europäischen Kontext.* In: 9. CIGRE/CIRED-Informationsveranstaltung „Systemkonzepte von morgen", abgerufen unter: http://www.vde.com/de/Verband/Partnerorganisationen/DK-CIGRE/Veranstaltungen/Seiten/VeranstaltungsDetails.aspx?vdeEventID=4f93e31c-2635-47bb-b097-0d01ad3f1bee am 21.03.2013

Kapetanovic, T (2013) *Übertragungsnetzsicherheit bei steigender Volatilität: Herausforderungen und Ausblick.* In: 8. Internationale Energiewirtschaftstagung, TU Wien, abgerufen unter: http://eeg.tuwien.ac.at/eeg.tuwien.ac.at pages/events/iewt/iewt2013/html/details plenary.php am 19.02.2013

Kloess, M. (2013) *Wasserstoff und Methan aus erneuerbarer Stromerzeugung – Eine Energiewirtschaftliche Betrachtung.* In: 8. Internationale Energiewirtschaftstagung an der TU Wien, abgerufen unter: http://www.eeg.tuwien.ac.at/eeg.tuwien.ac.at pages/events/iewt/iewt2013/uploads/abstracts/A 22 9 Kloess Maximilian 13-Nov-2012 9-08.pdf am 20.11.2012

Lorenz, E. (2011) *Solarstrahlungs- und PV-Leistungsprognosen auf Basis von numerischen Wettervorhersagemodellen und Satellitendaten*, Oldenburg, abgerufen unter: http://www.fg-ide.tu-chemnitz.de/files/Workshop Systemintegration 27 10 2011 Lorenz.pdf am 12.11.2012

Müller-Mienack, M. (2012) *Motivation für Power-to-Gas aus Sicht eines Strom-Übertragungsnetzbetreibers.* In: DBI-Fachforum Energiespeicher-Hybridnetze, Berlin-Teltow, abgerufen unter: http://www.dbi-gti.de/fileadmin/downloads/5 Veroeffentlichungen/Tagungen Workshops/2012/H2-FF 2012/06 M%C3%BCller-Mienack 50Hertz.pdf am 7.11.2012

ÖSG (2012) *Ökostromgesetz 2012*, BGBl. I Nr. 75/2011 idF BGBl. I Nr. 11/2012

ÖSV (2010) *Ökostromverordnung 2010*, BGBl. I Nr. 149/2002 idF BGBl. I Nr. 104/2009

Roon S. (2007) *Der Markt für Regelleistung – technische und wirtschaftliche Aspekte.* In „Energiewirtschaftliches Seminar, München abgerufen unter: http://www.ffe.de/download/wissen/20070729 Vortrag EWS Roon.pdf am 19.12.2012

Roon, S. (2011) *Empirische Analyse über die Kosten des Ausgleichs von Prognosefehlern der Wind- und PV-Stromerzeugung*, Forschungsstelle für Energiewirtschaft e.V., München, 2012 abgerufen unter: http://www.ffe.de/publikationen/tools/350-empirische-analyse-ueber-die-kosten-des-ausgleichs-von-prognosefehlern-der-wind-und-pv-stromerzeugung am 20.11.2012

Süßenbacher, W. (2011) *Kapazitätsmärkte und –mechanismen im internationalen Kontext.* In 7. Internationale Energiewirtschaftstagung an der TU Wien, Wien, abgerufen unter: http://www.eeg.tuwien.ac.at/eeg.tuwien.ac.at pages/events/iewt/iewt2011/uploads/plenarysession s iewt2011/P Suessenbacher.pdf am 27.12.2012

Synwolth, C. (2012) *Netzentlastung / Netzstabilität durch Photovoltaik.* In: 8. Solartagung Rheinland-Pfalz, Trier, abgerufen unter: http://www.stoffstrom.org/fileadmin/userdaten/dokumente/Veranstaltungen/ST12/Vortraege/T20 6 Netzentlastung Netzstabilitaet durch Photovoltaik Christian Synwoldt.pdf am 20.11.2012

Tomschi, U. (2012) *Flexible thermische Kraftwerke für die Energiewende.* In WEC-Workshop – Die Energiewende, Wien, abgerufen unter: http://www.ove.at/akademie/WEC2012/9 Tomschi EW 2012.pdf am 19.12.2012

VDN (2007) TransmissionCode 2007, *Netz- und Systemregeln der deutschen Übertragungsnetzbetreiber*, Verband der Netzbetreiber, Berlin abgerufen unter: http://www.netzentwicklungsplan.de/content/dokumentensammlung am 25.12.2012

Wirth, H. (2012) *Aktuelle Fakten zur Photovoltaik in Deutschland*, 2012, Freiburg abgerufen am: http://www.fraunhofer.de/content/dam/zv/de/forschungsthemen/energie/Fakten%20zur%20PV%20120202.pdf am 24.01.2013

Wolter, M. & Rendel, T. (2011) *Analyse und Bewertung der Auswirkungen des Anschlusses zusätzlicher Windkraftwerke in Österreich*, Institut für Energieversorgung und Hochspannungstechnik, Hannover, abgerufen unter: http://www.e-control.at/portal/page/portal/medienbibliothek/strom/dokumente/pdfs/WKS final.pdf am 20.11.2012